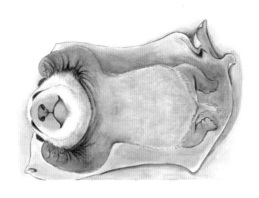

某年七月的最后一天，大熊猫肥宝出生在四川大熊猫绿竹学园。

肥宝是个"男孩子"，它的妈妈生它的时候已经20岁了，是大熊猫界的高龄产妇。刚刚出生的肥宝对周围的一切充满迷茫……

我是肥宝

自然课哇系列

哇！大熊猫

邱振菡　著/绘

山东科学技术出版社
·济南·

刚出生的大熊猫体重非常轻，圈养大熊猫幼崽体重最轻的只有42.8克，最重的也就200多克，体长一般10～20厘米，有的还没有人的手掌长。

大熊猫幼崽出生1～2周后，会慢慢长出黑色的毛发。

在一个月内，它的耳朵、眼圈、腿和肩带也会陆续长出黑色毛发。

小朋友，你知道吗？哺乳动物中，大熊猫是世界上成体和幼体重量相差最悬殊的动物。最重的大熊猫妈妈，它的体重大约是最轻的大熊猫幼崽的 2500 倍。

粉红色的"小耗子"

刚出生的肥宝很瘦小，它的皮肤是浅粉色的，皮肤表面有稀疏的白毛，看起来特别像一只刚出生的粉红色的小耗子。

6～8周大时，幼崽可以睁开眼睛并长出乳牙。

三个月大的时候，幼崽可以慢慢爬着走了。

大熊猫幼崽刚出生时发育非常不成熟！

在出生后最初的几周里，大熊猫幼崽非常脆弱，很难自己保持体温，也不会自己排便。这时候大熊猫妈妈会一直将孩子抱在怀里，移动的时候就把它衔在嘴里。如果看到大熊猫妈妈在舔自己的孩子，它很可能是在帮助孩子排便。

六个月大的幼崽，已经长好乳牙，开始活泼地跑着探索新世界，爬树也不在话下。

3

大熊猫有"大拇指"！

熊类在吃东西的时候，可以用前爪摁住食物或者捧住食物。大熊猫有双比其他熊类更灵活的大爪子，它的前掌外侧有一块腕骨特别发达，进化为"伪拇指"，这样，熊猫就可以像人类一样用"手"握住东西了。

"伪拇指"

大熊猫的前掌

棕熊的前掌

北极熊的前掌

4

是熊还是猫

　　肥宝两个月了，很多小朋友都把它当成一只黑白花的猫咪。肥宝有些无奈，它好想让饲养员帮它做一块牌子挂在胸前，上面写上三个大字——我是熊！

　　大熊猫虽然有圆乎乎的大猫脸，但它们的DNA更接近棕熊、黑熊等熊类。跟它的熊类亲戚一样，去掉黑眼圈的大熊猫也长着"豆子眼"，还有些近视。

　　跟体型庞大的北极熊和科迪亚克大棕熊相比，大熊猫显得非常娇小，最重的大熊猫也不过180千克，北极熊的体重大概是它的三倍。体格虽小，大熊猫却拥有熊类中比例最大的头部，这个圆圆的大脑袋让大熊猫看起来更加可爱。

　　小朋友，请你想一想，跟其他熊类相比，大熊猫还有哪些不同的地方？

大熊猫的亲子生活

妈妈的抚育和教导对大熊猫幼崽来说特别重要。肥宝每天都跟妈妈腻在一起，妈妈教它爬树、觅食等各种生存技能。在圈养环境中，雌性大熊猫除了要养育自己的孩子以外，还要照顾别的大熊猫宝宝。

有一天，肥宝家的园子里来了六只大熊猫宝宝，肥宝的妈妈温柔地接纳了这些"新孩子"。虽然肥宝偶尔也会为了争宠而吃醋，但它很快就适应了有兄弟姐妹的大家庭生活。

照顾幼崽对雌性大熊猫来说是个非常艰巨的任务。育幼期需要一年半到两年的时间。两岁左右的野生大熊猫会被妈妈赶出家门独立生活，因为妈妈又需要抚育它下一个孩子了。

在野外，大熊猫妈妈如果生了双胞胎，为了生存，通常会遗弃身体比较弱的那只幼崽。出生在繁育基地的大熊猫幼崽则幸运很多，每一只都会受到悉心照顾。

7

灵活的胖子

　　肥宝长到六个月大的时候，渐渐学会了爬树、吃竹子、打滚儿等技能。随着年龄的增长，这些技能被肥宝运用得越来越娴熟。

　　大熊猫四肢粗壮，它们多数是天生的内八字，走起路来有些笨拙。但你千万不要被大熊猫慢吞吞、胖乎乎的外表所欺骗，它们其实都是真正的运动健将，在山地的奔跑时速超过20千米。它们平时走路慢不过是为了保存体力！

　　大熊猫走路走累了或者玩开心了，就把肥胖的身体蜷起来滚着走，很多人因此喜欢喊它们"滚滚"。

8

大熊猫是天生的体操高手！

　　大熊猫的骨骼关节异常灵活，再加上它四肢强壮、指甲又尖又硬，所以它肥硕的身体可以在树上自如地辗转腾挪。除了不能飞跃，大熊猫在树上的灵活程度不亚于猴子，笨重的身体可以摆出各种各样的姿势，劈叉、倒挂等动作都不在话下。

9

爱吃主食也爱吃零食

肥宝有些挑食，它喜欢吃鲜嫩多汁的竹笋，没有竹笋的时候，才勉为其难吃竹子。肥宝还很喜欢吃零食，杂粮窝头和蜂蜜都是它喜欢的食物。

竹子

竹笋

10

长着食肉动物的牙齿却偏偏喜欢吃竹子，大熊猫的胃口为什么这么特别？在大熊猫的家乡，竹类是很容易获取的食物。几百万年前，当它们的生活环境发生巨变时，很多肉食动物因为食物短缺而灭绝了，改吃竹子的大熊猫则活了下来。

小朋友，当你去动物园看大熊猫时，请不要私自给它们喂食！

大熊猫对很多食物不消化，随便投喂会伤害它们的健康，甚至造成它们死亡。

葡萄

胡萝卜

菠菜

鱼

大熊猫的主食是竹子和竹笋，但有些大熊猫也喜欢吃杂粮窝头、苹果、胡萝卜、蜂蜜、葡萄、菠菜等零食。在野外生存的大熊猫偶尔也会捕食鸟类、鱼类等小型动物。

苹果

蜂蜜

11

发怒也疯狂

有一天，肥宝家园子里突然跑来一只藏酋猴，它坐在了肥宝平时吃饭的"宝座"上，肥宝生气地扑过去，想要赶走它。

萌萌的大熊猫也不是好惹的！

在中国古代，大熊猫曾被称为"食铁兽"。不管大熊猫的外表看起来多可爱，它们本质上都是熊族猛兽！大熊猫强壮的身体，强有力的下颌和犬齿，锋利的大爪子，让它在自己的地盘上几乎没有天敌。然而，在这个看脸的世界，大熊猫却以卖萌为生。

大熊猫不是宠物，它们其实是有攻击性的。野生大熊猫都有领地意识，如果其他动物贸然闯入它们的地盘，让它们感觉受到威胁，就有可能遭到攻击驱逐。大部分圈养大熊猫的性情看起来很温和，但在特殊情况下它们也会有攻击性。比如刚换了新的居住环境，失去安全感的大熊猫就会因心情烦躁而出现攻击行为，大熊猫妈妈在哺乳期也会比平时更有攻击性。

藏酋猴

?! 为什么不能随便靠近大熊猫？

黄喉貂

13

14

天生的好奇宝宝

午睡醒来，肥宝发现园子里多了一只小刺猬，它以前从没见过刺猬，赶紧呼唤着兄弟姐妹一起过来瞧一瞧……

不光是大熊猫，熊类好像都有天生好奇心爆棚的特点。

大熊猫浪贪玩，身边的物品都是它们潜在的玩具。把园子里刚铺的草皮整块掀下来抱着玩，无聊了就拆自己睡觉的木架子，把笤帚和耙子舞得虎虎生风……它们好像特别喜欢球状物，不管是皮球还是线球，都能抱着玩浪久。

大熊猫是浪敏感的动物，喜欢观察周围环境，学习能力也浪强！饲养员在园子里设置的滑梯、秋千、木马等，大熊猫浪快就能玩得有模有样……

圈养大熊猫对外面的世界也充满了好奇，它们浪多都有过"越狱"的尝试，尽管成功的例子并不多。

15

爬到树上去

有一天，附近山上的一只野狗突然出现在园子附近。面对陌生的野狗，肥宝和兄弟姐妹们迅速爬到了树上。

两岁之前的大熊猫虽然超级可爱但也超级脆弱！

大熊猫在幼年期非常脆弱，很容易受各种伤害。不管是野生还是圈养，大熊猫需要掌握的第一个技能就是爬树。不管是躲避吵闹、孤单、害怕，还是遇到猛兽、洪水、地震，大熊猫延续800万年的遗传基因告诉它们——爬到树上总是没错的。

小朋友，你知道吗？大熊猫爬树的祖传工具是它强有力的四肢和尖利的爪子。

16

每天睡眠超过
12个小时的"睡神"

肥宝最近经常卡在树杈里站着睡，据妈妈说这样可以变苗条，但是妈妈自己从来不站着睡。奇怪，妈妈是在戏弄肥宝吗？

大熊猫可以随时随地，用任何姿势进入梦乡！挂着睡、卡在树杈里睡、骑在树上睡、边拉边睡、熊头朝下"脑充血"照样睡。大熊猫还有秒睡技能：上一秒还在吃竹子，下一秒已经睡着了；刚打闹完，头一歪竟睡着了……

大熊猫不需要冬眠！

大多数熊类都需要冬眠，而大熊猫没有冬眠的习惯，因为吃竹子产生的热量太少了，没办法为冬眠储存足够的脂肪。虽然大熊猫看起来胖乎乎的，身上可都是肌肉。大熊猫用来抵御寒冬的利器就是一身细密、蓬松、质感像钢丝刷的毛发。

野生大熊猫每天除去采食时间和少量的活动时间，大约有10个小时是在睡梦中度过的。圈养大熊猫就更能睡了，睡眠时间甚至能超过12个小时。有饲养员定时给它们喂食，它们省下的找食物的时间也都拿来睡觉了。

爱吃爱睡其实是为了减少身体能量的消耗。

?? 小朋友，你睡觉的姿势最像哪一只大熊猫？说说看吧！

喜欢随地
"便便"的大熊猫

　　肥宝正在开心地吃着新鲜的竹笋和苹果，吃着吃着，拉出了一坨坨黄绿色的便便……这没什么值得大惊小怪的，因为大熊猫们就是喜欢随时随地拉便便。

大熊猫之所以随时随地排泄，是因为它们的肠道很短！

几百万年的时间改变了大熊猫的食性，却没能让大熊猫进化出适合吃素的消化系统，以竹子等植物为主食的大熊猫，还保留着肉食动物的消化系统。大熊猫没有食草动物那么长的肠道反复消化竹子，肠道短小且没有盲肠，也缺乏可消化纤维素的酶，所以大熊猫必须通过暴饮暴食摄入足够的能量，然后把消化不了植物纤维立刻变成便便排出。

成年大熊猫每天拉便便超过40次！

在野外，凡是有大熊猫活动的地方，最容易发现的就是一堆堆粪便。研究人员可以通过采集粪便上的DNA来确定该地区的大熊猫数量，还可以通过观察大熊猫粪便的干湿情况和里面的寄生虫来判断大熊猫是否健康。

由于食物在大熊猫体内消化不彻底，大熊猫的便便不仅不臭，还有一股竹子的清香味，喜欢大熊猫的人给它们的便便起了个形象的名字——青团。

21

大熊猫都长得一样吗?

肥宝老是听到有人说它和其他大熊猫长得一模一样,它有点郁闷,它明明长得很有特点呀!

浪多小朋友都觉得大熊猫长得一模一样。实际上,如果仔细观察,你会发现每只大熊猫的长相都是独特的,甚至双胞胎的相貌都有浪大区别。

小朋友们仔细看,每只大熊猫不管是脸型、黑眼圈、耳朵还是嘴巴,都有一些差别。

小朋友，在下面这群大熊猫里面，
你能找出来哪一只是肥宝吗？

大熊猫只有黑白两色吗？

　　肥宝有一点小苦恼，它总是被人们质疑不爱干净不洗澡，因为它的白色毛发发黄，肚皮还是棕色的，看起来脏脏的。

　　你知道吗？大熊猫除了黑白相间的以外，还有棕白相间的。从1985年到2009年的24年间，棕白色大熊猫只有五次被发现的记录，十分罕见。动物学家认为，很多年前棕白色大熊猫曾经遍布秦岭山区，但是直到1985年，棕白色大熊猫才被当代科学家首次发现。

　　现在世界上圈养的棕白色大熊猫只有"七仔"！

　　七仔在2009年被发现时只有两个月大，现在它健康地生活在陕西省珍稀野生动物抢救饲养研究中心。七仔除了身体毛发的颜色很特别之外，体型、重量以及生活习惯都和黑白色大熊猫没有区别。最近几年，动物学家通过架设在秦岭山区的红外摄像机，又成功捕捉到数次野生棕白色大熊猫活动的身影！

　　大熊猫毛色发黄不是脏！

　　实际上，真正毛色黑白分明的大熊猫是极少数。

　　大熊猫身体毛色看起来黑白相间，但黑毛非纯黑，里面夹杂着不少棕色毛发，白毛也不是纯白，而是夹杂着不少黄色毛发，有些黄色毛发特别多的大熊猫，甚至跟黄土一个颜色。

七仔

25

成长的烦恼

肥宝的生活看起来非常舒适惬意，实际上它的"熊生"真是半点不由它。它只能生活在小院子里被人围观，还被人类包办婚姻，被圈养的生活方式，让它很难找到自己的心上人。每天吃吃饭、睡睡觉、卖卖萌，过着小猪一样的生活。

　　成年大熊猫是独居动物，所以成年后的圈养大熊猫一般是独自居住在自己的小院子里。野外的大熊猫虽然也独居，但是它们自由出入山野，随时可能跟邻居打个照面。

　　野生的雄性大熊猫平均有6~7平方千米的地盘，雌性也有4~5平方千米！

27

大熊猫的种群主要有四川亚种和秦岭亚种两类！

秦岭大熊猫和四川大熊猫在外形上已经形成了明显差异。秦岭亚种块头大，身体更粗壮，四川亚种体型小一些，身材也比较苗条；秦岭亚种头圆脸也圆，四川亚种的脸要小，嘴巴也更长；秦岭亚种的白毛部分发黄，腹部毛色大部分是棕色，四川亚种黑白分明，有些连肚皮都是白色。

四川亚种

秦岭亚种

大熊猫的两大家族

肥宝快三岁了，有一天，它抓着一根长树枝荡来荡去，谁知借着风势，竟然一下荡出了围墙！肥宝在山林里走了两天两夜，碰到了第一只野生大熊猫。肥宝发现自己跟它长得不太一样。

大圆头大圆脸的肥宝
就属于秦岭亚种！

　小朋友们去动物园看
大熊猫时，注意看它们的
特征，就能分辨出它们分
别属于哪个家族了。

29

小熊猫

大熊猫的邻居们

肥宝每天游荡在山林里，饿了就吃路边的竹子，渴了就喝山间的溪水。肥宝爱上了野外的自由生活，它想在这里寻找一块地方安家！慢慢地，肥宝认识了很多新朋友……

?! 小朋友，你了解大熊猫的这些
邻居们吗？说说看吧！

藏酋猴

　　在野外，大熊猫的邻居
非常多，有小熊猫、藏酋猴、
黑熊、水鹿、羚牛等。
　　野生大熊猫主要分布在
四川、陕西、甘肃境内，它们
生活的地方有面积几万平方千
米的森林生态系统，是中国森
林特有物种分布最集中的地
区。不仅是大熊猫，金丝猴、
羚牛等众多国家级保护动物以
及很多珍稀植物也得到了有效
保护。

黑熊

羚牛

水鹿

31

保护大熊猫栖息地的青
山绿水，就是保护人类自己
的家园！保护大熊猫，也是
保护人类自己的未来！

大熊猫与我们

　　大熊猫不仅是我们中国的"国宝"，因为长相可爱，它也受到世界人民的喜爱。它就像一面旗帜，引发人们对动植物保护的关注。

　　有人说大熊猫很脆弱，需要人类的协助才能生存。实际上，大熊猫在进化中选择了适合自己的生活方式。它能从远古顺利地走到今天，已经证明大熊猫是大自然的赢家。

　　2015年国家林业局公布的全国第四次大熊猫调查结果显示，我国已有野生大熊猫1864只，大熊猫栖息地2.58万~3.49万平方千米，因此，2016年大熊猫被国际自然保护联盟由"濒危物种"改为"易危物种"。不过，对大熊猫的保护绝不能就此放松，栖息地破碎化以及种群交流不畅都是大熊猫持续面临的生存威胁。

"滚作一团"是圈养大熊猫日常嬉闹的方式之一。

从青草绿树中走来的这只大熊猫，看起来格外乖巧。

仔细看看，这只大熊猫的脸是不是特别大？

喜欢爬树的大熊猫每天都会来几次"登高望远"。

圈养大熊猫过着"饭来张口"的日子，吃饭姿势怎么舒服怎么来。

大熊猫坐着休息的背影看起来像个胖乎乎的小朋友。

大熊猫眯着眼睛嚼着香甜的竹笋，让人看了也觉得胃口大开。

看这只大熊猫吃竹笋的样子，你是不是也流口水了呢？

大熊猫的走路姿势是"内八字"，一步一扭。

当大熊猫用专注无邪的眼神看着你的时候，有没有感觉心都被萌化了？

快到投喂零食的时间了，有些大熊猫已经提前占好位子等着了。

挠痒痒也要摆一个妖娆的姿势。

新鲜的竹笋到了，大熊猫们开启新一轮"低头猛吃大赛"。

"武力值"最差的一只大熊猫在打闹中被另外两只当成"熊肉沙包"。

热爱美食的大熊猫，一路小跑着扑向竹笋。

摄影／邱振艳

图书在版编目（CIP）数据

哇！大熊猫 / 邱振菡著绘. --济南：山东科学技术出版社, 2018.12（2024.7 重印）

ISBN 978-7-5331-9620-2

Ⅰ.①哇… Ⅱ.①邱… Ⅲ.①大熊猫—少儿读物 Ⅳ.①Q959.838-49

中国版本图书馆CIP数据核字(2018)第131774号

哇！大熊猫
WA! DAXIONGMAO

责任编辑：董小眉
封面设计：董小眉

主管单位：山东出版传媒股份有限公司
出 版 者：山东科学技术出版社
　　　　　地址：济南市市中区舜耕路517号
　　　　　邮编：250003　　电话：（0531）82098088
　　　　　网址：www.lkj.com.cn
　　　　　电子邮件：sdkj@sdcbcm.com

发 行 者：山东科学技术出版社
　　　　　地址：济南市市中区舜耕路517号
　　　　　邮编：250003　　电话：（0531）82098067

印 刷 者：济南新先锋彩印有限公司
　　　　　地址：济南市工业北路188-6号
　　　　　邮编：250100　　电话：（0531）88615699

规格：12开（250 mm×250 mm）
印张：3　字数：60千　印数：82 001~87 000
版次：2018年12月第1版　印次：2024年7月第19次印刷
定价：48.00元

"家门外的自然课"系列获奖情况：

入选2017年国家新闻出版广电总局向全国青少年推荐百种优秀图书

荣获2018"我最喜爱的童书"知识性读物组铜奖

入选首届"童阅中国"百本原创好童书

入选中国教育部幼儿图画书推荐书目

入选2021"百班千人"暑期嘉年华共读书目

入选首届奇迹童书年度大赏十佳作品

入围2021"大鹏自然童书奖"

入选2021年、2022年爱阅童书100

入选中国科技部2022年全国优秀科普作品名单

入选中国自然资源部2023年自然资源优秀科普图书

入选图书馆报2022年度影响力绘本

入选《3-8岁儿童分级阅读指导》书目

部分图书版权输出至俄罗斯、阿联酋、德国、越南等国家